STUDY GUIDE BOOK

Media Character Make-up

집 필 진 임희경(서경대학교 미용예술학과 교수)
HUO TAO(서경대학교 미용예술학과 교수)

SEO KYEONG UNIVERSITY 서경대학교 미용교재개발 연구회

청구문화사

Contents

Lesson 1

미디어 캐릭터 메이크업
Media Character Make-up

Lesson 1. 미디어 캐릭터 메이크업 Media Character Make-up

1. 미디어 장르

◉ 미디어 장르

◉ 텔레비전(Television)

- 보도, 교양, 교육

보도, 교양, 교육 메이크업
이미지 삽입

- 연예, 오락

연예, 오락 메이크업
이미지 삽입

- 드라마

방송 형태:

- 일일 연속극
- 주간 연속극
- 주말 연속극
- 단막극
- 미니 시리즈
- 대하 드라마

성격, 시대적 배경:

- 멜로
- 사극
- 현대극

TV 드라마 메이크업
이미지 삽입

TV 드라마 메이크업
이미지 삽입

사극 메이크업
이미지 삽입

현대극 메이크업
이미지 삽입

◉ 영화(Film)

- 드라마 장르 영화 메이크업

드라마 장르 영화 메이크업
이미지 삽입

- 역사 장르 영화 메이크업

역사 장르 영화 메이크업
이미지 삽입

- 액션 장르 영화 메이크업

액션 장르 영화 메이크업
이미지 삽입

- 전쟁 장르 영화 메이크업

전쟁 장르 영화 메이크업
이미지 삽입

- 공상과학 장르 영화 메이크업

공상과학 장르 영화 메이크업
이미지 삽입

- 판타지 장르 영화 메이크업

판타지 장르 영화 메이크업
이미지 삽입

- 공포 장르 영화 메이크업

공포 장르 영화 메이크업
이미지 삽입

- 좀비 장르 영화 메이크업

좀비 장르 영화 메이크업
이미지 삽입

◉ 광고(Advertising)

- 영상 광고 메이크업

영상 광고
이미지 삽입

영상 광고
이미지 삽입

- 지면 광고 메이크업

지면 광고
이미지 삽입

지면 광고
이미지 삽입

2. 미디어 메이크업

1) 영화 메이크업

영화 메이크업
이미지 삽입

2) 방송 메이크업

방송 메이크업
이미지 삽입

3) 광고 메이크업

광고 메이크업
이미지 삽입

3. 미디어 메이크업의 종류

1) 스트레이트 메이크업

스트레이트 메이크업
이미지 삽입

2) 캐릭터 메이크업

캐릭터 메이크업
이미지 삽입

3) 특수효과 메이크업

특수효과 메이크업
이미지 삽입

4. 미디어 제작환경

◉ 상영방식

1) 영화

영화 메이크업
이미지 삽입

2) 드라마

드라마 메이크업
이미지 삽입

3) 광고

광고 메이크업
이미지 삽입

◉ **촬영장비**

용어	스튜디오 카메라	이엔지 카메라	지미집
특징			
이미지			

◉ **영화 카메라의 종류**

용어	표준형 카메라	소형 카메라	대형 카메라
특징			
이미지			
용어	특수 카메라	입체형 카메라	수중 카메라
특징			
이미지			

◉ 촬영 용어

<table>
<tr><th colspan="5">촬영 용어</th></tr>
<tr><td rowspan="2">용어</td><td colspan="4">샷(Shot)</td></tr>
<tr><td>픽스샷
(Fix shot)</td><td>팔로우샷
(Follow shot)</td><td>팬샷
(Pan shot)</td><td>틸트샷
(Tilt shot)</td></tr>
<tr><td rowspan="3">특징</td><td></td><td></td><td></td><td></td></tr>
<tr><td>붐
(Boom)</td><td>달리샷
(Dolly shot)</td><td>줌
(zoom)</td><td>아크
(Arc)</td></tr>
<tr><td></td><td></td><td></td><td></td></tr>
</table>

용어	신	시퀀스	디졸브
특징			
용어	아웃 포커스	프레임	프레임 인& 아웃
특징			

◉ 쇼트의 분류 체계

카메라로부터 사물까지의 거리 및 크기를 기준으로 할때			
용어	익스트림 롱 쇼트 (extreme long shot)	롱 쇼트 (long shot)	미디엄 쇼트 (medium shot)
특징			
용어	클로즈업 쇼트 (close-up shot)	익스트림 클로즈업 쇼트(extrem close-up shot)	줌 (Arc)
특징			

카메라로부터 인물까지의 거리 및 크기를 기준으로 할때			
용어	풀 쇼트(full shot)	니 쇼트(knee shot)	웨이스트 쇼트(waist shot)
특징			

용어	바스트 쇼트(bust shot/tight bust shot)	클로즈업 쇼트(close-up shot)	빅 클로즈업 쇼트(big close-up shot)	오버 더 숄더 쇼트(over the sholuder shot)
특징				

◉ 카메라 앵글 및 렌즈 분류

카메라 앵글의 분류		
용어	하이 앵글(High Angle Shot)	아이 레벨(eye level shot) 일반 앵글(normal angle) 숏
특징		
용어	로우 앵글(Low Angle Shot)	사각 앵글(dutch angle shot)
특징		
카메라 렌즈 분류		
용어	표준렌즈 (normal lens)	망원렌즈 (telephoto lens)
특징		
용어	광각렌즈 (wide angle lens)	줌렌즈 (zoom lens)
특징		

Lesson 2

영화

Movie

Lesson 2. 영화 Movie

1. 영화의 시작

◉ 영화의 탄생

이미지 삽입

◉ TV의 탄생

이미지 삽입

2. 영화 산업

1)

이미지 삽입

2)

이미지 삽입

3)

이미지 삽입

3. 영화 분류

1) 무성영화

이미지 삽입

2) 유성영화

이미지 삽입

3) 애니메이션영화

이미지 삽입

4. 영화의 장르

	이미지		이미지		이미지
공상과학영화		코미디 영화		판타지 영화	
로맨스영화		갱스터 영화		공포영화	
재난영화		종교 영화		범죄영화	
액션영화		활극 영화		서부영화	
역사영화		전쟁 영화		괴기영화	
탐험영화		뮤지컬		블록버스터영화	

5. 촬영 현장

실내 세트장 (An indoor set)	오픈 스튜디오 (Open Studio)	로케이션 (Location)

6. 제작 과정

프리프로덕션 (Pre-production)	촬영 기간 (The filming period)	촬영 장소 (Location)
예산 (Budget)	**배우 및 스텝 구성 (Actor and Step Composition)**	**감독 및 스텝 회의 (Supervision and staff meetings)**

7. 영화 촬영 제작 구성원 및 역할

구성원	역 할
영화 제작자	
영화 투자자	
시나리오 작가	
감독	
조 감독	
스크렙터	
촬영감독	
음향감독	
미술감독	
음악감독	
편집기사	
조명감독	
의상디자이너	
분장감독	
시각효과팀	

8. 조명 색의 온도

정면광	측면광
역광	**텅스텐 조명**

스트로보 조명	HMI 조명

평균색 온도	높은색 온도	낮은색 온도

Lesson 3

시나리오 분석
Scenario Analysis

Lesson 3. 시나리오 분석 Scenario Analysis

1. 대본분석

자료수집
이미지 첨부

2. 등장인물

배역	배역명	역 할	기타
주연			
주연			
주연			
주연			
조연			
조연			
조연			
조연			
배우			
배우			
배우			

3. Story Board 1

장소8#	연결신		

S#: **C#:**

S#: **C#:**

S#: **C#:**

S#: **C#:**

4. Story Board 2

장소8#	연결신		

S#: **C#:**

S#: **C#:**

S#: **C#:**

S#: **C#:**

Lesson 4

캐릭터의 이해
Understanding Characters

Lesson 4. 캐릭터의 이해 Understanding Characters

1. 대본분석

2. 등장인물

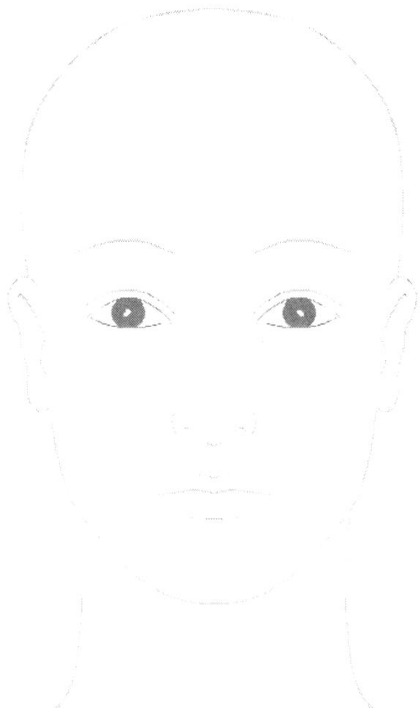

배역명:

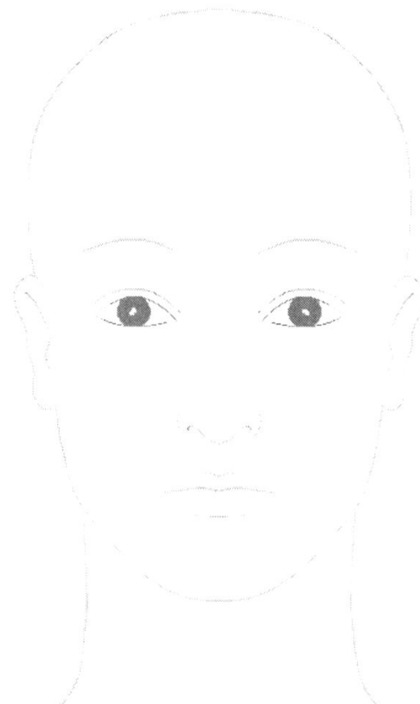

배역명:

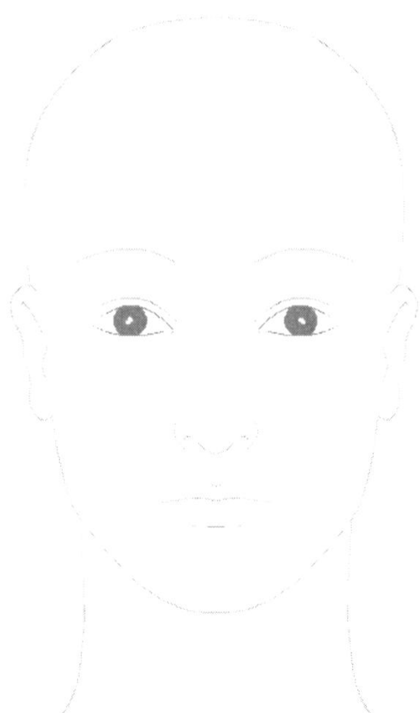

배역명:

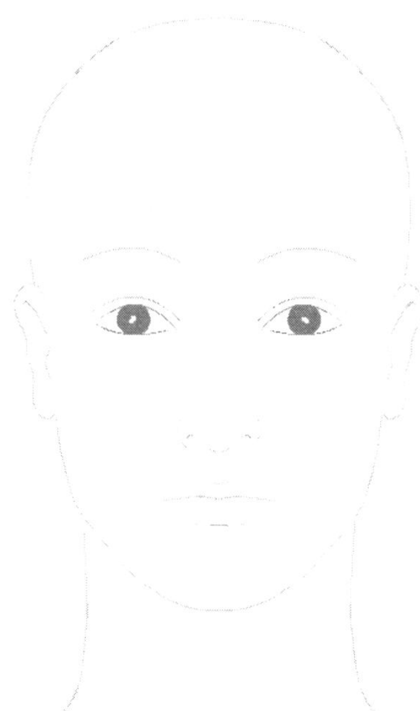

배역명:

3. 등장인물 관계도

캐릭터 이미지 삽입

캐릭터명:

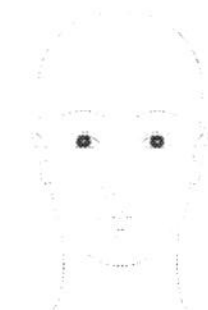

캐릭터 이미지 삽입

캐릭터명:

4. 등장인물 성격 분석

<table>
<tr><td>작품명</td><td>배우명:</td></tr>
<tr><td></td><td>역할명:</td></tr>
<tr><td colspan="2">1. 캐리터 인물의 외모와 특징</td></tr>
<tr><td colspan="2">2. 신체적 특징</td></tr>
<tr><td>나   이:</td><td>신 장(키):</td></tr>
<tr><td>몸 무 게:</td><td>체   격:</td></tr>
<tr><td>자   세:</td><td>신체발달:</td></tr>
<tr><td>걸음걸이:</td><td>버   릇:</td></tr>
<tr><td>건강상태:</td><td></td></tr>
<tr><td>복   장:</td><td></td></tr>
<tr><td colspan="2">3. 안면의 특징</td></tr>
<tr><td>이마:</td><td>눈:</td></tr>
<tr><td>코:</td><td>입:</td></tr>
<tr><td>턱:</td><td>볼:</td></tr>
<tr><td>수염:</td><td></td></tr>
<tr><td colspan="2">얼굴색:</td></tr>
<tr><td colspan="2">머리색:</td></tr>
<tr><td colspan="2">4. 음성의 특징</td></tr>
<tr><td colspan="2">고저(Picth):</td></tr>
<tr><td colspan="2">연도(Rate):</td></tr>
<tr><td colspan="2">음세(Force):</td></tr>
<tr><td colspan="2">음   량:</td></tr>
<tr><td colspan="2">음성상의 버릇:</td></tr>
</table>

5. 태도, 습성, 능력

인종적 특징:

가 족 관 계:

교 육 정 도:

사회적 지위:

경제적 지위:

도덕적 기준:

기　　　질:

특별한 감정표현:

특별한 개인적 특수성:

인 생 철 학:

6. 의상 변화

7. 캐릭터 시간의 변화

8. 인물에 대한 관객의 태도와 반응

9. 기타 특기 사항

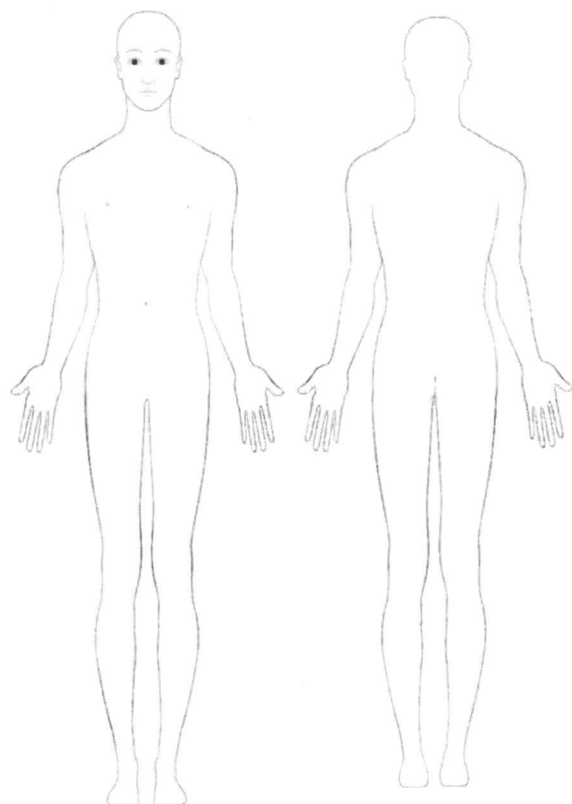

Lesson 5

영화 캐릭터 분석
Movie Character Analysis

Lesson 5. 영화 캐릭터 분석 Movie Character Analysis

1. 자료조사

1) 영화 장르:

2) 시대:

3) 지역:

4) 배경:

자료수집
이미지 첨부

2. 시나리오 분석

1) 시나리오 요약

2) 등장인물

3. 등장인물 성격 분석

<table>
<tr><th colspan="2">Character personality analysis 등장인물 성격 분석</th></tr>
<tr><td rowspan="2">작품명</td><td>배우명:</td></tr>
<tr><td>역할명:</td></tr>
<tr><td colspan="2">1. 캐리터 인물의 외모와 특징</td></tr>
<tr><td colspan="2">2. 신체적 특징</td></tr>
<tr><td>나 이:
몸 무 게:
자 세:
걸음걸이:
건강상태:
복 장:</td><td>신 장(키):
체 격:
신체발달:
버 릇:</td></tr>
<tr><td colspan="2">3. 안면의 특징</td></tr>
<tr><td>이마:
코:
턱:
수염:
얼굴색:
머리색:</td><td>눈:
입:
볼:</td></tr>
<tr><td colspan="2">4. 음성의 특징
고저(Picth):
연도(Rate):
음세(Force):
음 량:
음성상의 버릇:</td></tr>
</table>

5. 태도, 습성, 능력

인종적 특징:

가 족 관 계:

교 육 정 도:

사회적 지위:

경제적 지위:

도덕적 기준:

기 질:

특별한 감정표현:

특별한 개인적 특수성:

인 생 철 학:

6. 의상 변화

7. 캐릭터 시간의 변화

8. 인물에 대한 관객의 태도와 반응

9. 기타 특기 사항

4. 캐릭터 분석

Character Analysis 캐릭터 분석	
자료수집 이미지 첨부	**캐릭터 명:**
	나이:
	성격:
	메이크업 특징:
자료수집 이미지 첨부	**캐릭터명:**
	나이:
	성격:
	메이크업 특징:
자료수집 이미지 첨부	**캐릭터명:**
	나이:
	성격:
	메이크업 특징:

Lesson 6

영화 캐릭터 적용
Movie Character Application

Lesson 6. 영화 캐릭터 적용 Movie Character Application

1. 자료조사

2. 캐릭터 메이크업 디자인 계획1

<table>
<tr><th colspan="2">캐릭터 메이크업 디자인 계획</th></tr>
<tr><td rowspan="3">자료수집
모티브 이미지 첨부</td><td>모티브 명 :</td></tr>
<tr><td>모티브 적용 부위 :</td></tr>
<tr><td>모티브 특징 :</td></tr>
<tr><td rowspan="3">자료수집
모티브 이미지 첨부</td><td>모티브 명 :</td></tr>
<tr><td>모티브 적용 부위 :</td></tr>
<tr><td>모티브 특징 :</td></tr>
<tr><td rowspan="3">자료수집
모티브 이미지 첨부</td><td>모티브 명 :</td></tr>
<tr><td>모티브 적용 부위 :</td></tr>
<tr><td>모티브 특징 :</td></tr>
</table>

3. 캐릭터 메이크업 디자인 계획2

Rough Sketch 러프 스케치

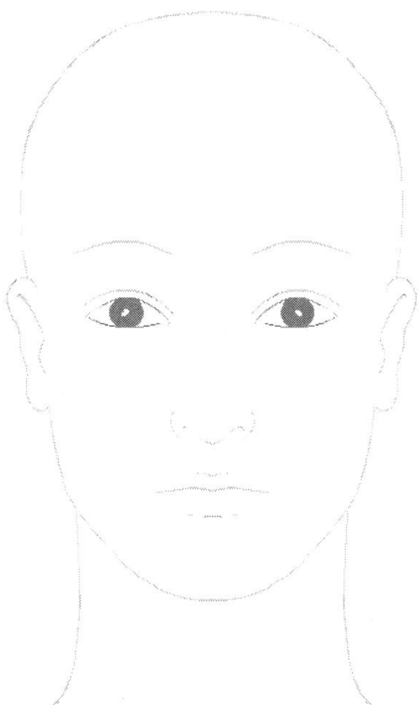

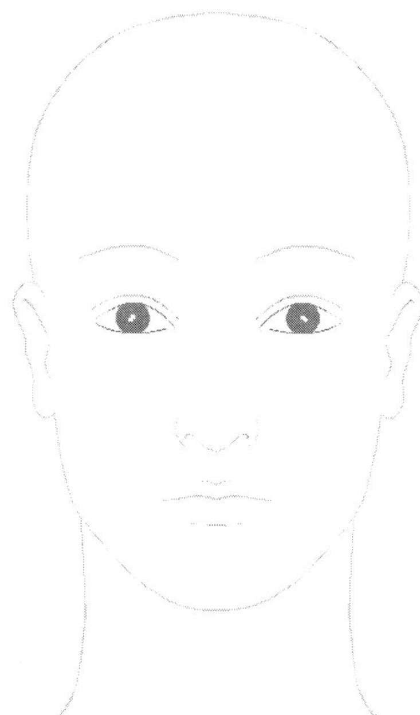

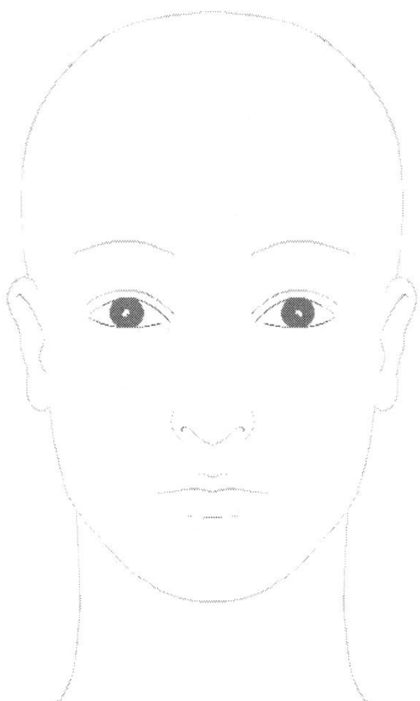

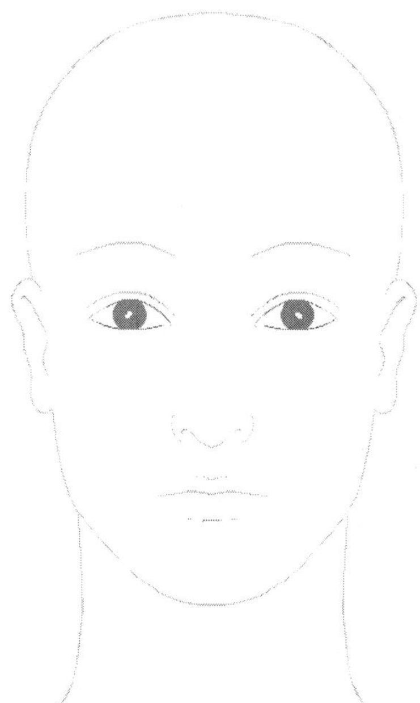

캐릭터 분석

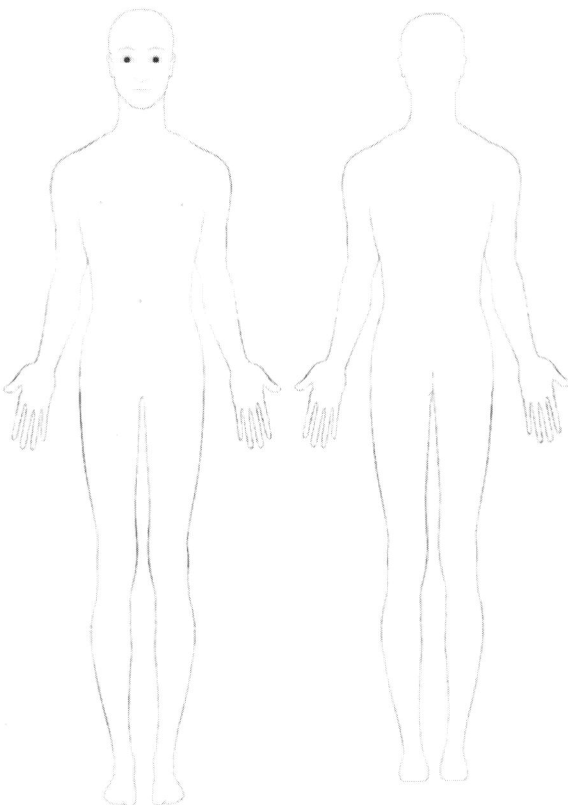

Work name 작품명

Genre 장르

Character name 배역명

Part 역할

Age/Sex 나이/성별

Personality 성격

Health 건강

Environment 환경

Genetics 유전학

Times/Nationality 시대/국적

Characteristic 특징

4. 캐릭터 메이크업 디자인

1) 정면

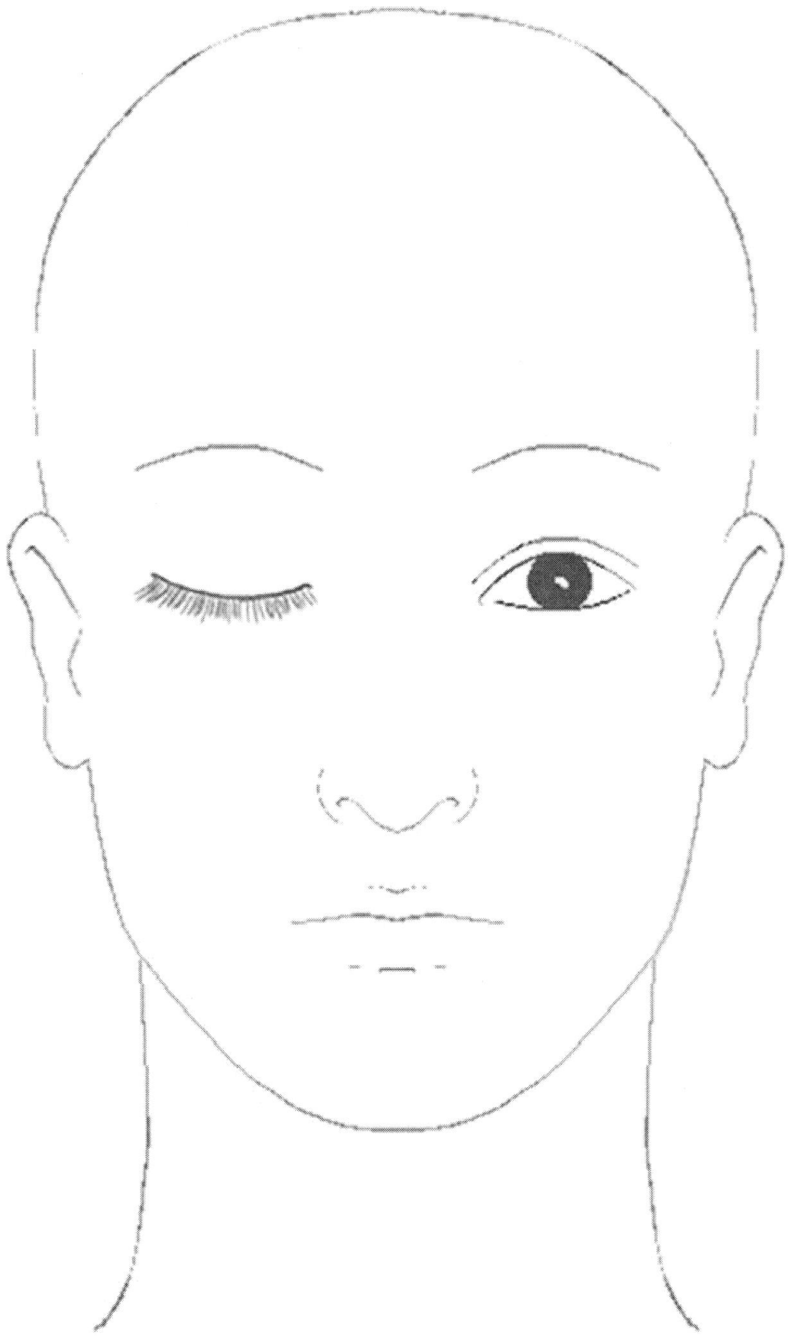

2) 측면

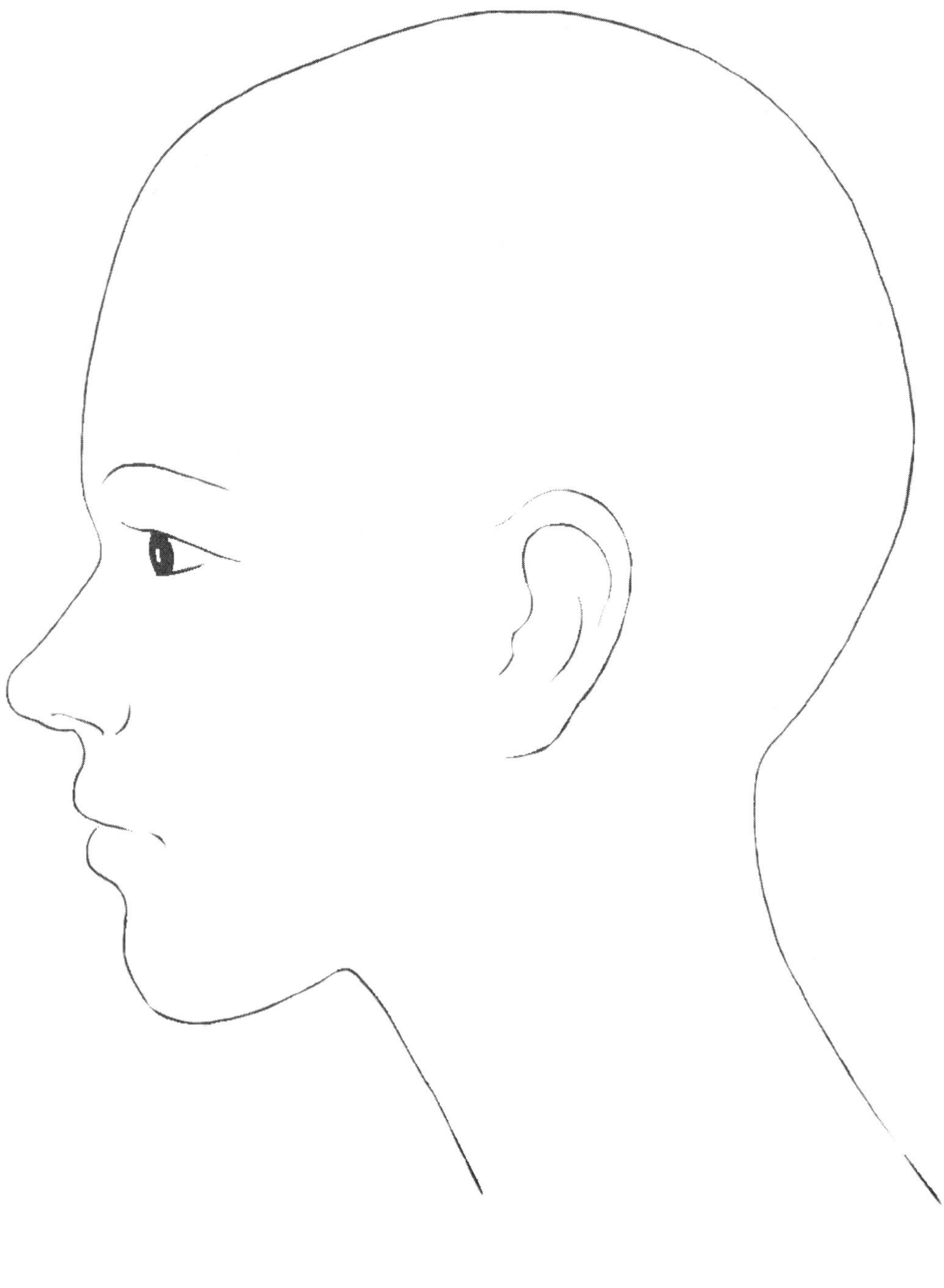

5. 캐릭터 등장인물 분석

메이크업 재료 사용표

Work name 작품명		Actor 배우	

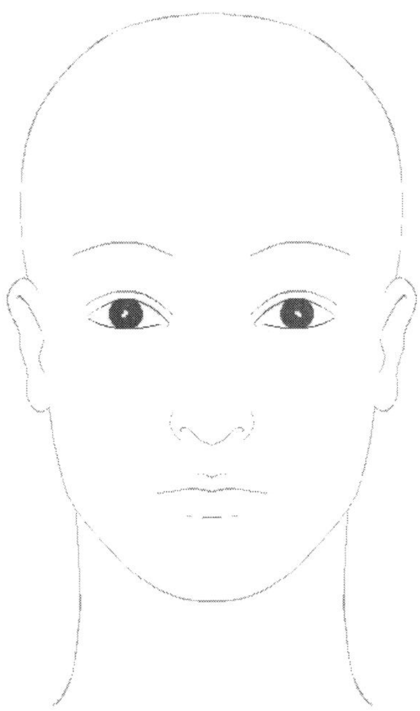

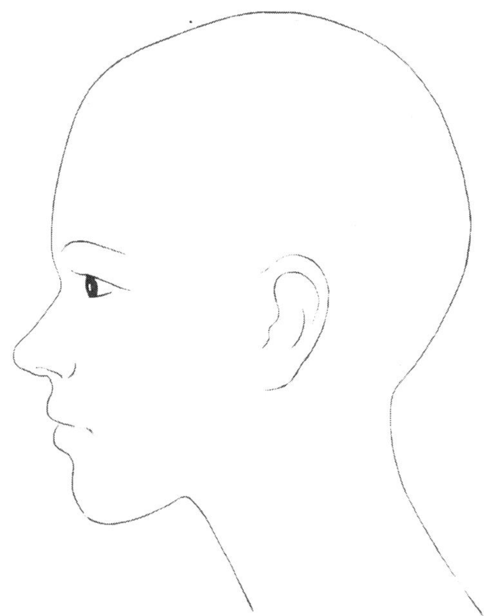

Forehead	Eye	Nose
Cheek	Mouth	Eye liners
Base	Shadow	Powder
hair	Note	

6. 캐릭터 메이크업 디자인 과정

1) 캐릭터 명

캐릭터 메이크업 디자인 과정 이미지 삽입1

캐릭터 메이크업 디자인 과정 이미지 삽입2

캐릭터 메이크업 디자인 과정 이미지 삽입3

2) 기타 제작 과정

부위명:

기타 제작 부위 과정 이미지 삽입1

기타 제작 부위 과정 이미지 삽입2

기타 제작 부위 과정 이미지 삽입3

7. 캐릭터 메이크업 완성

완성 메이크업 정면
(눈 뜬 상태)
이미지 첨부

완성 메이크업 정면
(눈 감은 상태)
이미지 첨부

완성 메이크업 좌측면
이미지 첨부

완성 메이크업 우측면
이미지 첨부

Lesson 7

Sci-Fi 영화 캐릭터 분석

Sci-Fi Movie Character Analysis

Lesson 7. Sci-fi 영화 캐릭터 분석 Sci-fi movie Character analysis

1. 자료조사

1) 영화 장르:

2) 시대:

3) 지역:

4) 배경:

자료수집
이미지 첨부

2. 시나리오 분석

1) 시나리오 요약

2) 등장인물

3. 등장인물 성격 분석

Character personality analysis 등장인물 성격 분석	
작품명	배우명:
	역할명:
1. 캐리터 인물의 외모와 특징	
2. 신체적 특징	
나　　이:	신 장(키):
몸 무 게:	체　　격:
자　　세:	신체발달:
걸음걸이:	버　　릇:
건강상태:	
복　　장:	
3. 안면의 특징	
이마:	눈:
코:	입:
턱:	볼:
수염:	
얼굴색:	
머리색:	
4. 음성의 특징	
고저(Picth):	
연도(Rate):	
음세(Force):	
음　　량:	
음성상의 버릇:	

5. 태도, 습성, 능력

인종적 특징:

가 족 관 계:

교 육 정 도:

사회적 지위:

경제적 지위:

도덕적 기준:

기 질:

특별한 감정표현:

특별한 개인적 특수성:

인 생 철 학:

6. 의상 변화

7. 캐릭터 시간의 변화

8. 인물에 대한 관객의 태도와 반응

9. 기타 특기 사항

4. 캐릭터 분석

Character Analysis 캐릭터 분석	
자료수집 이미지 첨부	캐릭터 명:
	나이:
	성격:
	메이크업 특징:
자료수집 이미지 첨부	캐릭터명:
	나이:
	성격:
	메이크업 특징:
자료수집 이미지 첨부	캐릭터명:
	나이:
	성격:
	메이크업 특징:

Lesson 8

Sci-Fi 영화 캐릭터 적용

Sci-Fi movie Character Application

Lesson 8. Sci-Fi 영화 캐릭터 적용 Sci-Fi movie Character Application

1. 자료조사

2. 캐릭터 메이크업 디자인 계획1

<table>
<tr><th colspan="2">캐릭터 메이크업 디자인 계획</th></tr>
<tr><td rowspan="3">자료수집
모티브 이미지 첨부</td><td>모티브 명 :</td></tr>
<tr><td>모티브 적용 부위 :</td></tr>
<tr><td>모티브 특징 :</td></tr>
<tr><td rowspan="3">자료수집
모티브 이미지 첨부</td><td>모티브 명 :</td></tr>
<tr><td>모티브 적용 부위 :</td></tr>
<tr><td>모티브 특징 :</td></tr>
<tr><td rowspan="3">자료수집
모티브 이미지 첨부</td><td>모티브 명 :</td></tr>
<tr><td>모티브 적용 부위 :</td></tr>
<tr><td>모티브 특징 :</td></tr>
</table>

3. 캐릭터 메이크업 디자인 계획2

Rough Sketch 러프 스케치

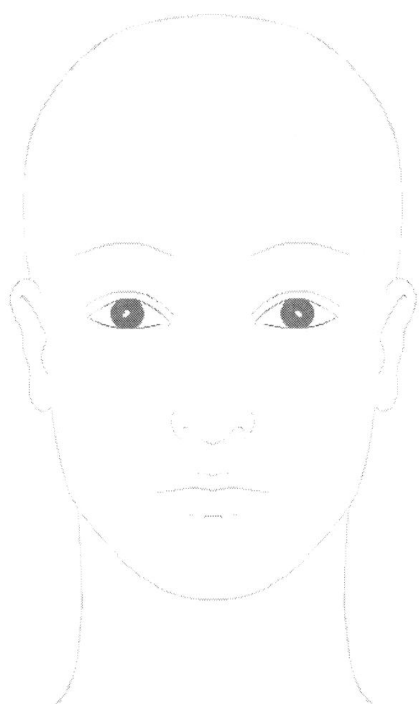

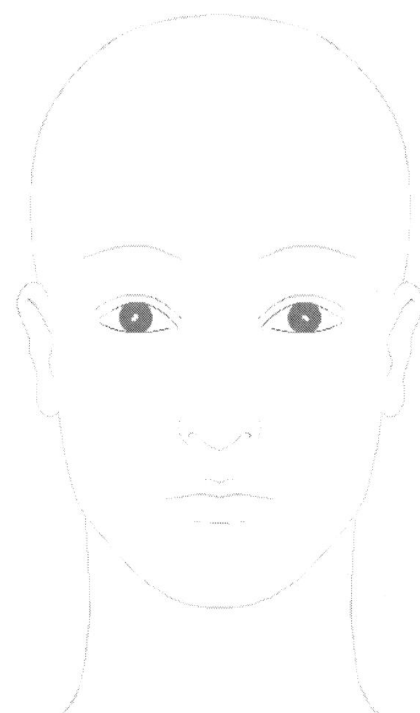

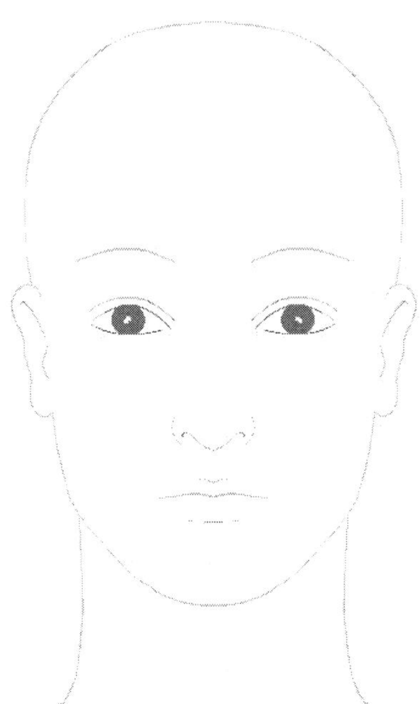

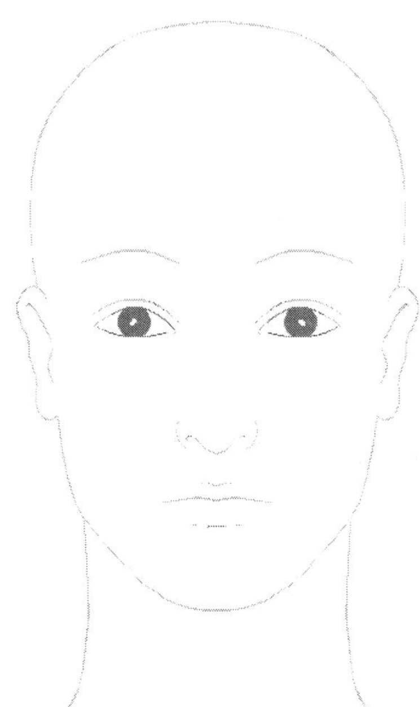

캐릭터 분석

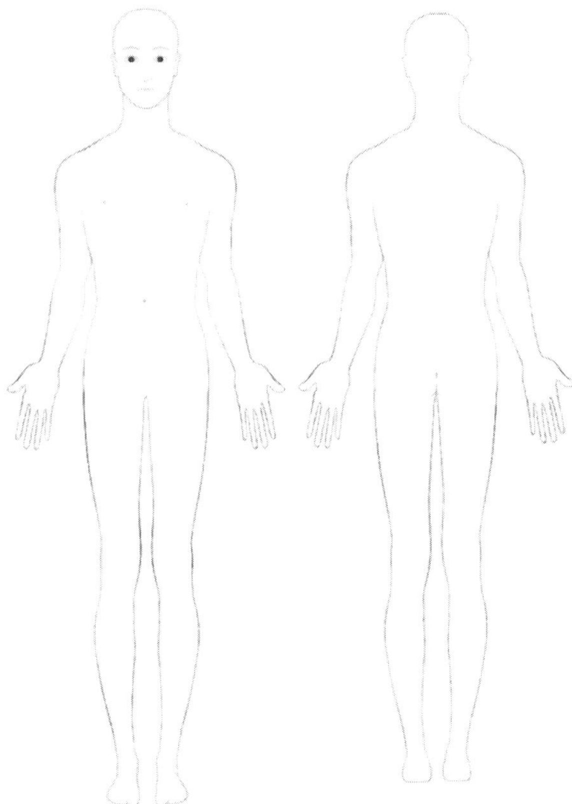

Work name 작품명

Genre 장르

Character name 배역명

Part 역할

Age/Sex 나이/성별

Personality 성격

Health 건강

Environment 환경

Genetics 유전학

Times/Nationality 시대/국적

Characteristic 특징

4. 캐릭터 메이크업 디자인

1) 정면

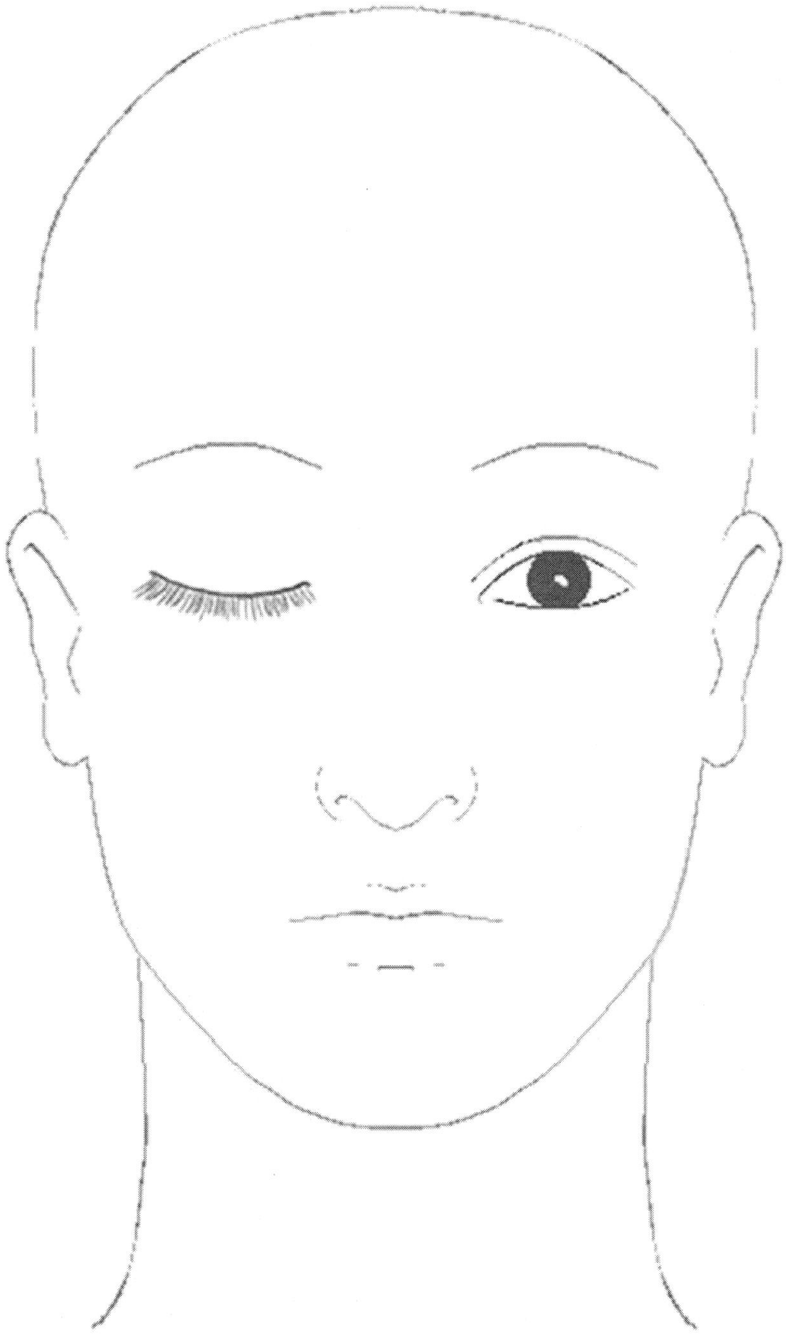

2) 측면

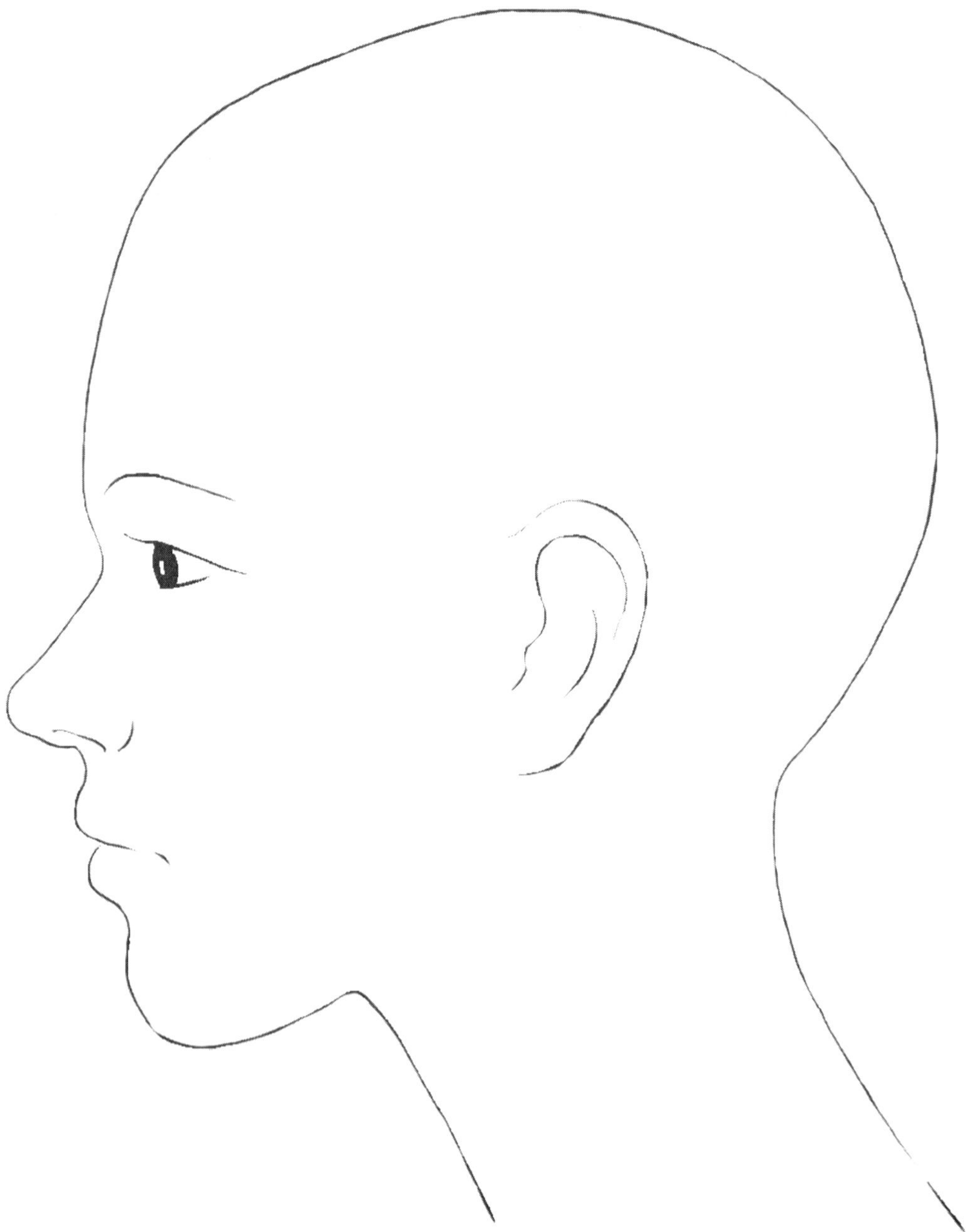

5. 캐릭터 등장인물 분석

<table>
<tr><th colspan="5">메이크업 재료 사용표</th></tr>
<tr><td>Work name
작품명</td><td></td><td>Actor
배우</td><td colspan="2"></td></tr>
<tr><td colspan="2">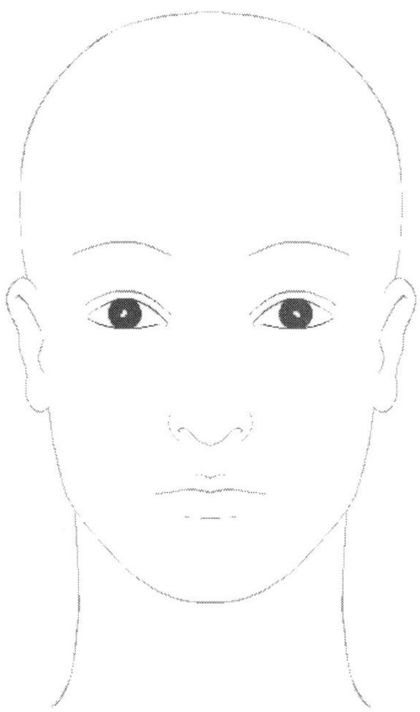</td><td colspan="3">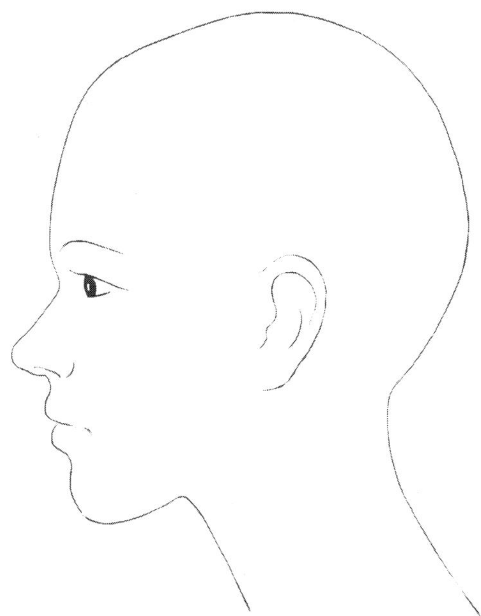</td></tr>
<tr><td colspan="2" rowspan="4"></td><td>Forehead</td><td>Eye</td><td>Nose</td></tr>
<tr><td>Cheek</td><td>Mouth</td><td>Eye liners</td></tr>
<tr><td>Base</td><td>Shadow</td><td>Powder</td></tr>
<tr><td>hair</td><td colspan="2">Note</td></tr>
</table>

6. 캐릭터 메이크업 디자인 과정

1) 캐릭터 명

캐릭터 메이크업 디자인 과정 이미지 삽입1

캐릭터 메이크업 디자인 과정 이미지 삽입2

캐릭터 메이크업 디자인 과정 이미지 삽입3

2) 기타 제작 과정

부위명:

기타 제작 부위 과정 이미지 삽입1

기타 제작 부위 과정 이미지 삽입2

기타 제작 부위 과정 이미지 삽입3

7. 캐릭터 메이크업 완성

완성 메이크업 정면
(눈 뜬 상태)
이미지 첨부

완성 메이크업 정면
(눈 감은 상태)
이미지 첨부

완성 메이크업 좌측면
이미지 첨부

완성 메이크업 우측면
이미지 첨부

Lesson 9

판타지 영화 캐릭터 분석
Fantasy Movie Character Analysis

Lesson 9. 판타지 영화 캐릭터 분석 Fantasy Movie Character Analysis

1. 자료조사

1) 영화 장르:

2) 시대:

3) 지역:

4) 배경:

자료수집
이미지 첨부

2. 시나리오 분석

1) 시나리오 요약

2) 등장인물

3. 등장인물 성격 분석

<table>
<tr><th colspan="2">Character personality analysis 등장인물 성격 분석</th></tr>
<tr><td rowspan="2">작품명</td><td>배우명:</td></tr>
<tr><td>역할명:</td></tr>
<tr><td colspan="2">1. 캐리터 인물의 외모와 특징</td></tr>
<tr><td colspan="2">2. 신체적 특징</td></tr>
<tr><td>나 이:
몸 무 게:
자 세:
걸음걸이:
건강상태:
복 장:</td><td>신 장(키):
체 격:
신체발달:
버 릇:</td></tr>
<tr><td colspan="2">3. 안면의 특징</td></tr>
<tr><td>이마:
코:
턱:
수염:</td><td>눈:
입:
볼:</td></tr>
<tr><td colspan="2">얼굴색:
머리색:</td></tr>
<tr><td colspan="2">4. 음성의 특징
고저(Picth):
연도(Rate):
음세(Force):
음 량:
음성상의 버릇:</td></tr>
</table>

5. 태도, 습성, 능력

인종적 특징:

가 족 관 계:

교 육 정 도:

사회적 지위:

경제적 지위:

도덕적 기준:

기 질:

특별한 감정표현:

특별한 개인적 특수성:

인 생 철 학:

6. 의상 변화

7. 캐릭터 시간의 변화

8. 인물에 대한 관객의 태도와 반응

9. 기타 특기 사항

4. 캐릭터 분석

<table>
<tr><th colspan="2">Character Analysis 캐릭터 분석</th></tr>
<tr><td rowspan="4">자료수집
이미지 첨부</td><td>캐릭터 명:</td></tr>
<tr><td>나이:</td></tr>
<tr><td>성격:</td></tr>
<tr><td>메이크업 특징:</td></tr>
<tr><td rowspan="4">자료수집
이미지 첨부</td><td>캐릭터명:</td></tr>
<tr><td>나이:</td></tr>
<tr><td>성격:</td></tr>
<tr><td>메이크업 특징:</td></tr>
<tr><td rowspan="4">자료수집
이미지 첨부</td><td>캐릭터명:</td></tr>
<tr><td>나이:</td></tr>
<tr><td>성격:</td></tr>
<tr><td>메이크업 특징:</td></tr>
</table>

Lesson 10

판타지 영화 캐릭터 적용
Fantasy movie Character Application

Lesson 10. 판타지 영화 캐릭터 적용 Fantasy movie Character Application

1. 자료조사

2. 캐릭터 메이크업 디자인 계획1

<table>
<tr><th colspan="2">캐릭터 메이크업 디자인 계획</th></tr>
<tr><td rowspan="3">자료수집
모티브 이미지 첨부</td><td>모티브 명 :</td></tr>
<tr><td>모티브 적용 부위 :</td></tr>
<tr><td>모티브 특징 :</td></tr>
<tr><td rowspan="3">자료수집
모티브 이미지 첨부</td><td>모티브 명 :</td></tr>
<tr><td>모티브 적용 부위 :</td></tr>
<tr><td>모티브 특징 :</td></tr>
<tr><td rowspan="3">자료수집
모티브 이미지 첨부</td><td>모티브 명 :</td></tr>
<tr><td>모티브 적용 부위 :</td></tr>
<tr><td>모티브 특징 :</td></tr>
</table>

3. 캐릭터 메이크업 디자인 계획2

Rough Sketch 러프 스케치

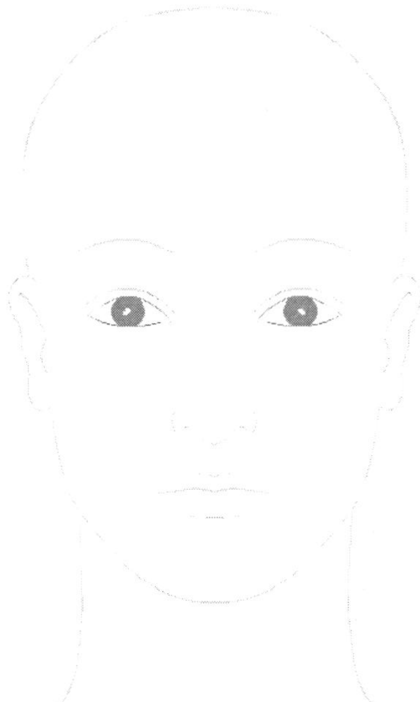

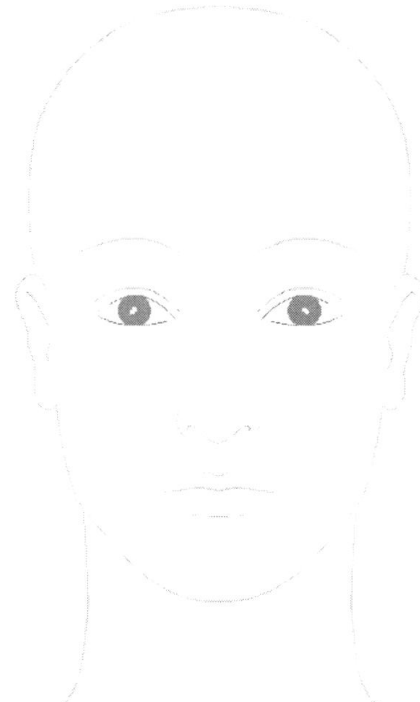

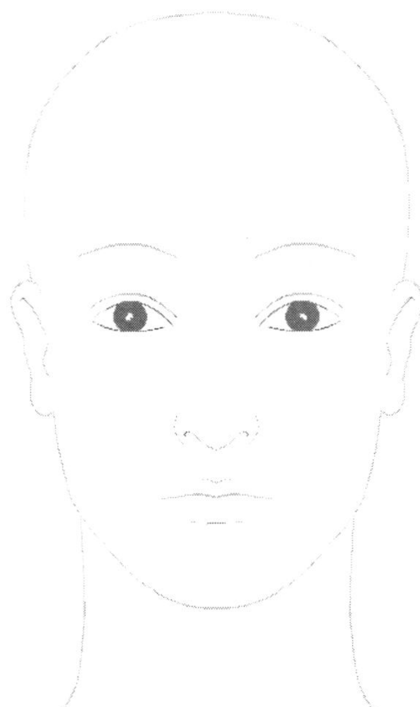

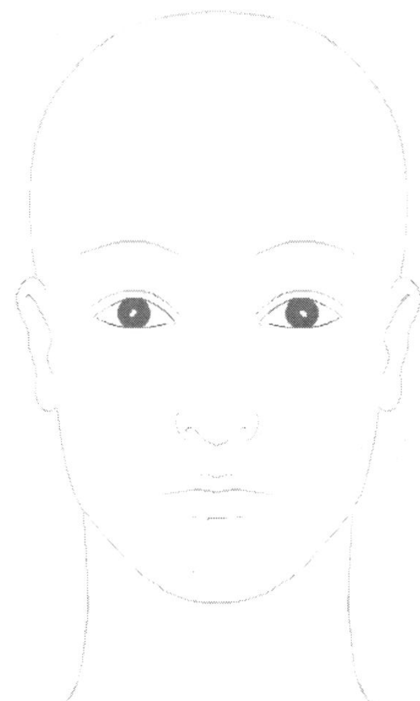

캐릭터 분석

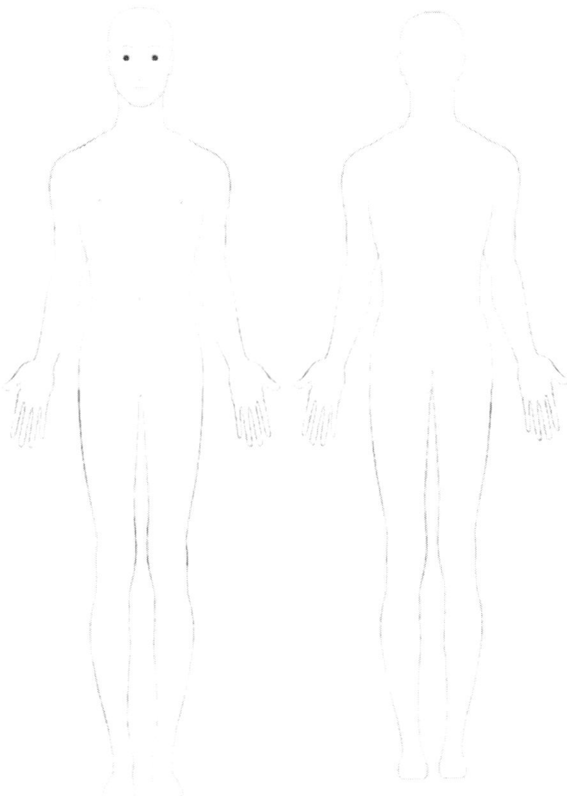

Work name 작품명

Genre 장르

Character name 배역명

Part 역할

Age/Sex 나이/성별

Personality 성격

Health 건강

Environment 환경

Genetics 유전학

Times/Nationality 시대/국적

Characteristic 특징

4. 캐릭터 메이크업 디자인

1) 정면

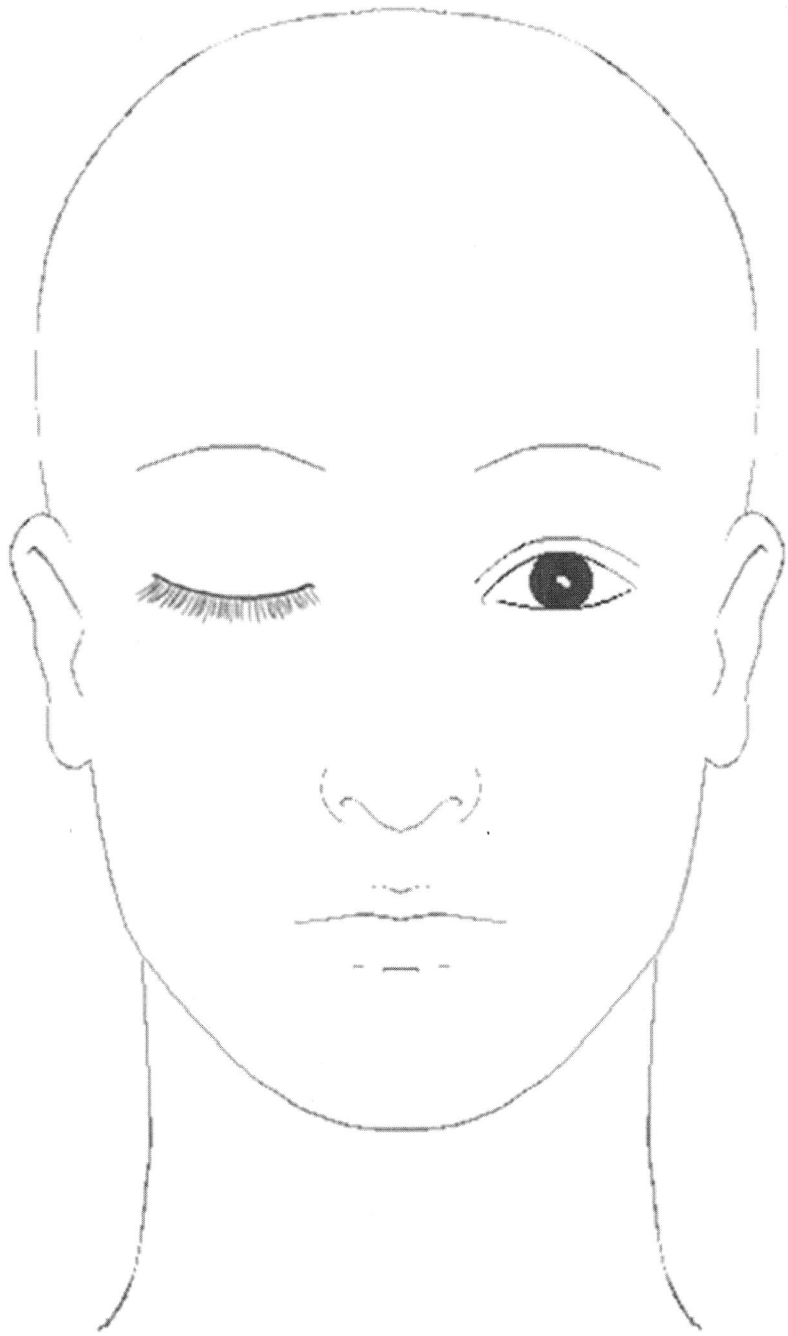

2) 측면

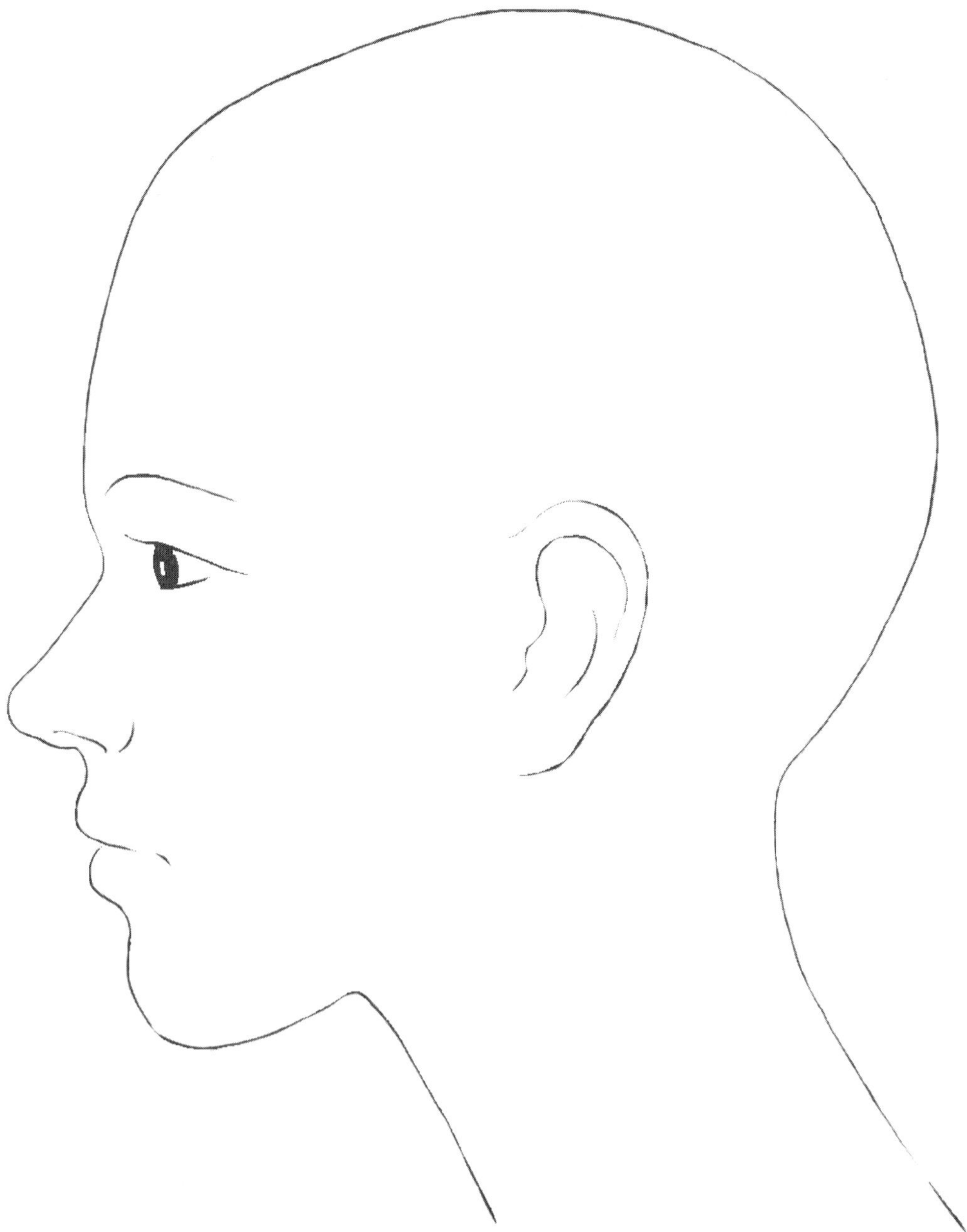

5. 캐릭터 등장인물 분석

메이크업 재료 사용표

Work name 작품명		Actor 배우	

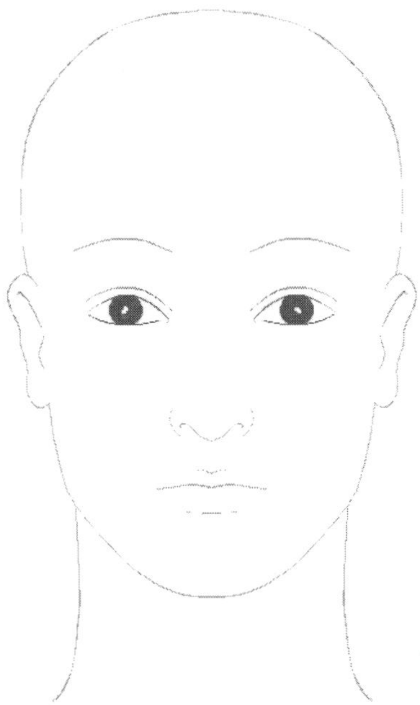

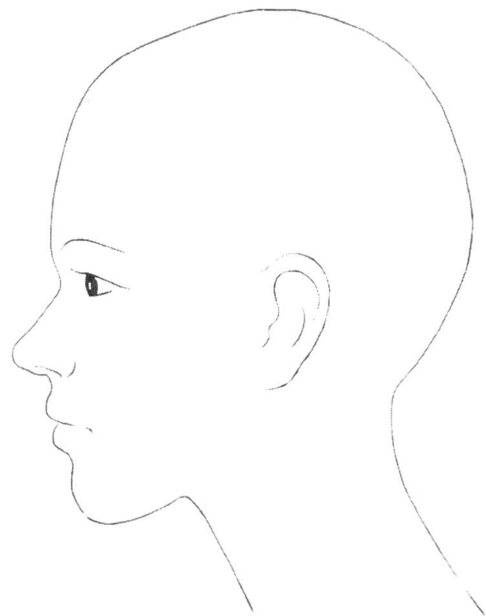

Forehead	Eye	Nose
Cheek	Mouth	Eye liners
Base	Shadow	Powder
hair	Note	

6. 캐릭터 메이크업 디자인 과정

1) 캐릭터 명

캐릭터 메이크업 디자인 과정 이미지 삽입1

캐릭터 메이크업 디자인 과정 이미지 삽입2

캐릭터 메이크업 디자인 과정 이미지 삽입3

2) 기타 제작 과정

부위명:

기타 제작 부위 과정 이미지 삽입1

기타 제작 부위 과정 이미지 삽입2

기타 제작 부위 과정 이미지 삽입3

7. 캐릭터 메이크업 완성

완성 메이크업 정면
(눈 뜬 상태)
이미지 첨부

완성 메이크업 정면
(눈 감은 상태)
이미지 첨부

완성 메이크업 좌측면
이미지 첨부

완성 메이크업 우측면
이미지 첨부

Lesson 11

공포 영화 캐릭터 분석
Horror Movie Character Analysis

Lesson 11. 공포 영화 캐릭터 분석 Horror Movie Character Analysis

1. 자료조사

1) 영화 장르:

2) 시대:

3) 지역:

4) 배경:

자료수집
이미지 첨부

2. 시나리오 분석

1) 시나리오 요약

2) 등장인물

3. 등장인물 성격 분석

Character personality analysis 등장인물 성격 분석	
작품명	배우명:
	역할명:

1. 캐리터 인물의 외모와 특징

2. 신체적 특징

나　　이:	신 장(키):
몸 무 게:	체　　격:
자　　세:	신체발달:
걸음걸이:	버　　릇:
건강상태:	
복　　장:	

3. 안면의 특징

이마:	눈:
코:	입:
턱:	볼:
수염:	

얼굴색:

머리색:

4. 음성의 특징

고저(Picth):

연도(Rate):

음세(Force):

음　　량:

음성상의 버릇:

5. 태도, 습성, 능력

인종적 특징:

가 족 관 계:

교 육 정 도:

사회적 지위:

경제적 지위:

도덕적 기준:

기 질:

특별한 감정표현:

특별한 개인적 특수성:

인 생 철 학:

6. 의상 변화

7. 캐릭터 시간의 변화

8. 인물에 대한 관객의 태도와 반응

9. 기타 특기 사항

4. 캐릭터 분석

<table>
<tr><th colspan="2">Character Analysis 캐릭터 분석</th></tr>
<tr><td rowspan="4">자료수집
이미지 첨부</td><td>캐릭터 명:</td></tr>
<tr><td>나이:</td></tr>
<tr><td>성격:</td></tr>
<tr><td>메이크업 특징:</td></tr>
<tr><td rowspan="4">자료수집
이미지 첨부</td><td>캐릭터명:</td></tr>
<tr><td>나이:</td></tr>
<tr><td>성격:</td></tr>
<tr><td>메이크업 특징:</td></tr>
<tr><td rowspan="4">자료수집
이미지 첨부</td><td>캐릭터명:</td></tr>
<tr><td>나이:</td></tr>
<tr><td>성격:</td></tr>
<tr><td>메이크업 특징:</td></tr>
</table>

Lesson 12

공포 영화 캐릭터 적용
Horror movie Character Application

Lesson 12. 공포 캐릭터 적용 Horror movie Character Application

1. 자료조사

2. 캐릭터 메이크업 디자인 계획1

캐릭터 메이크업 디자인 계획	
자료수집 모티브 이미지 첨부	모티브 명 :
	모티브 적용 부위 :
	모티브 특징 :
자료수집 모티브 이미지 첨부	모티브 명 :
	모티브 적용 부위 :
	모티브 특징 :
자료수집 모티브 이미지 첨부	모티브 명 :
	모티브 적용 부위 :
	모티브 특징 :

3. 캐릭터 메이크업 디자인 계획2

Rough Sketch 러프 스케치

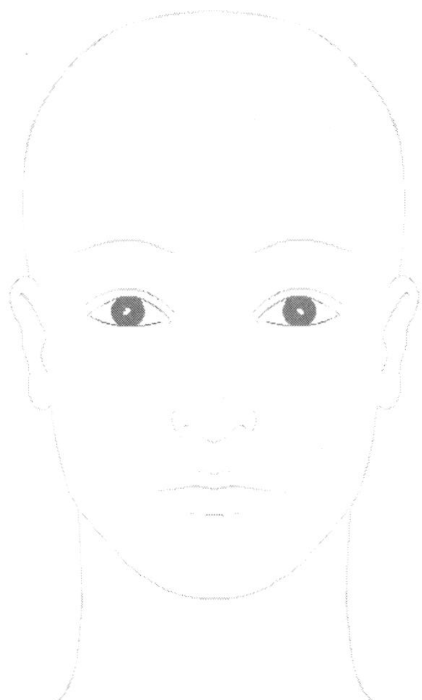

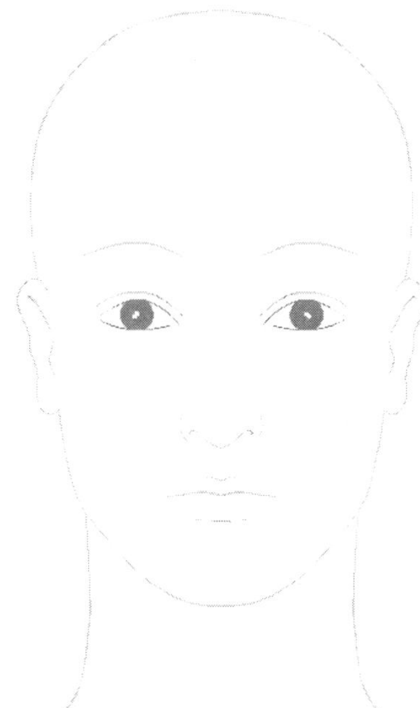

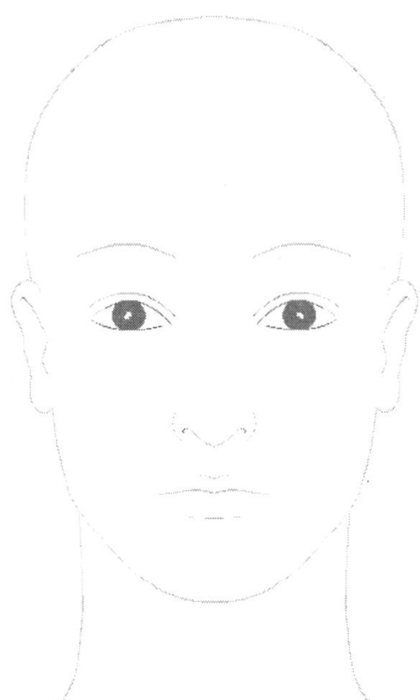

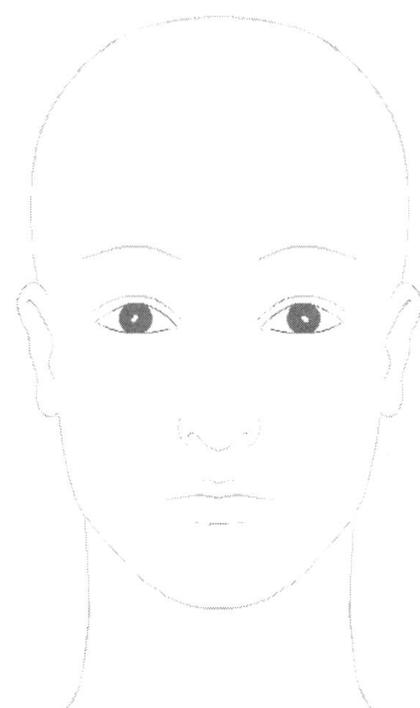

캐릭터 분석

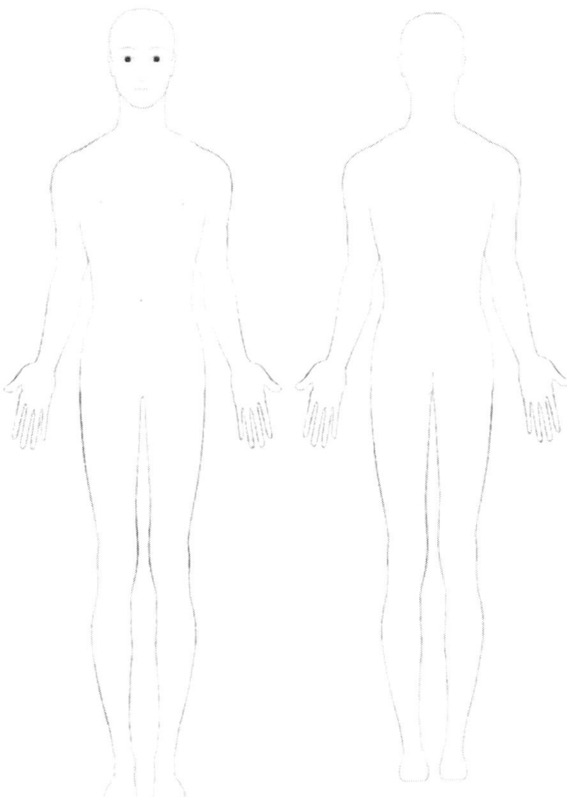

Work name 작품명

Genre 장르

Character name 배역명

Part 역할

Age/Sex 나이/성별

Personality 성격

Health 건강

Environment 환경

Genetics 유전학

Times/Nationality 시대/국적

Characteristic 특징

4. 캐릭터 메이크업 디자인

1) 정면

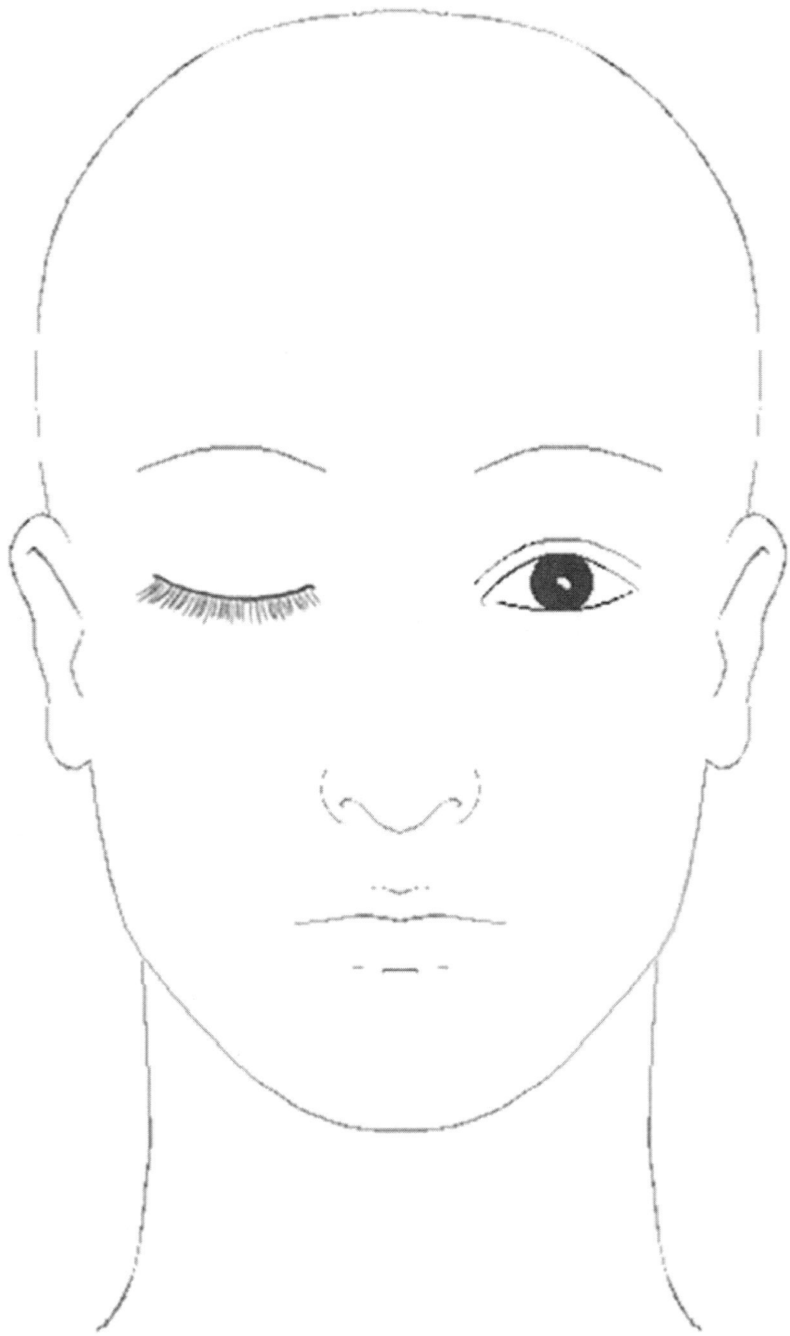

2) 측면

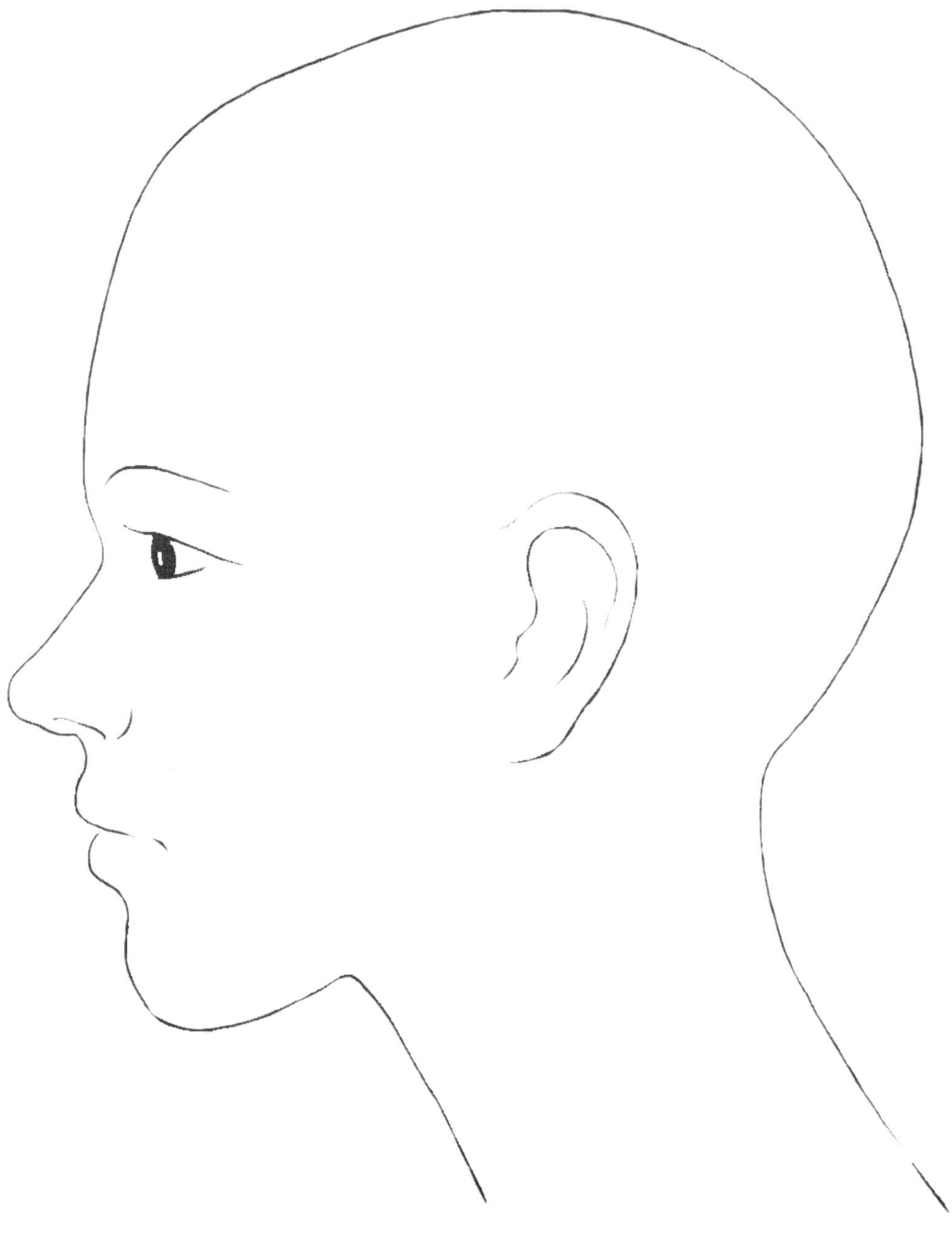

5. 캐릭터 등장인물 분석

메이크업 재료 사용표

Work name 작품명		Actor 배우	

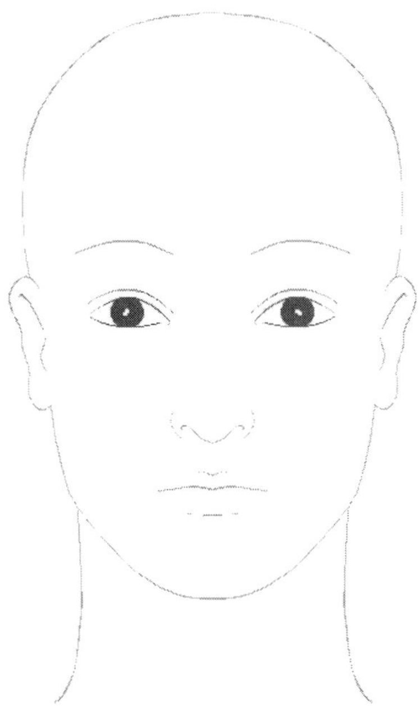

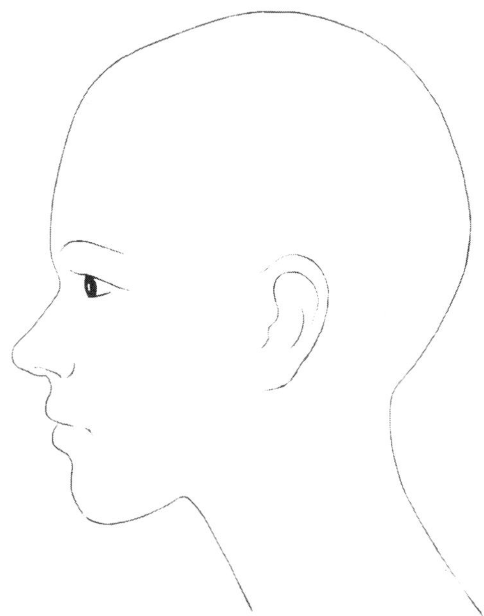

Forehead	Eye	Nose
Cheek	Mouth	Eye liners
Base	Shadow	Powder
hair	Note	

6. 캐릭터 메이크업 디자인 과정

1) 캐릭터 명

캐릭터 메이크업 디자인 과정 이미지 삽입1 ⇨ 캐릭터 메이크업 디자인 과정 이미지 삽입2 ⇨ 캐릭터 메이크업 디자인 과정 이미지 삽입3

2) 기타 제작 과정

부위명:

기타 제작 부위 과정 이미지 삽입1 ⇨ 기타 제작 부위 과정 이미지 삽입2 ⇨ 기타 제작 부위 과정 이미지 삽입3

7. 캐릭터 메이크업 완성

완성 메이크업 정면
(눈 뜬 상태)
이미지 첨부

완성 메이크업 정면
(눈 감은 상태)
이미지 첨부

완성 메이크업 좌측면
이미지 첨부

완성 메이크업 우측면
이미지 첨부

Lesson 13

캐릭터 디자인 분석

Character Design Analysis

Lesson 13. 캐릭터 디자인 분석 Character Design Analysis

1. 자료조사

1) 영화 장르:

2) 시대:

3) 지역:

4) 배경:

자료수집
이미지 첨부

2. 시나리오 분석

1) 시나리오 요약

2) 등장인물

3. 등장인물 성격 분석

<table>
<tr><th colspan="2">Character personality analysis 등장인물 성격 분석</th></tr>
<tr><td rowspan="2">작품명</td><td>배우명:</td></tr>
<tr><td>역할명:</td></tr>
<tr><td colspan="2">1. 캐리터 인물의 외모와 특징</td></tr>
<tr><td colspan="2">2. 신체적 특징</td></tr>
<tr><td>나 이:
몸 무 게:
자 세:
걸음걸이:
건강상태:
복 장:</td><td>신 장(키):
체 격:
신체발달:
버 릇:</td></tr>
<tr><td colspan="2">3. 안면의 특징</td></tr>
<tr><td>이마:
코:
턱:
수염:
얼굴색:
머리색:</td><td>눈:
입:
볼:</td></tr>
<tr><td colspan="2">4. 음성의 특징
고저(Picth):
연도(Rate):
음세(Force):
음 량:
음성상의 버릇:</td></tr>
</table>

5. 태도, 습성, 능력

인종적 특징:

가 족 관 계:

교 육 정 도:

사회적 지위:

경제적 지위:

도덕적 기준:

기 질:

특별한 감정표현:

특별한 개인적 특수성:

인 생 철 학:

6. 의상 변화

7. 캐릭터 시간의 변화

8. 인물에 대한 관객의 태도와 반응

9. 기타 특기 사항

4. 캐릭터 분석

<table>
<tr><th colspan="2">Character Analysis 캐릭터 분석</th></tr>
<tr><td rowspan="4">자료수집
이미지 첨부</td><td>캐릭터 명:</td></tr>
<tr><td>나이:</td></tr>
<tr><td>성격:</td></tr>
<tr><td>메이크업 특징:</td></tr>
<tr><td rowspan="4">자료수집
이미지 첨부</td><td>캐릭터명:</td></tr>
<tr><td>나이:</td></tr>
<tr><td>성격:</td></tr>
<tr><td>메이크업 특징:</td></tr>
<tr><td rowspan="4">자료수집
이미지 첨부</td><td>캐릭터명:</td></tr>
<tr><td>나이:</td></tr>
<tr><td>성격:</td></tr>
<tr><td>메이크업 특징:</td></tr>
</table>

Lesson 14

캐릭터 디자인 적용
Character Design Application

Lesson 14. 캐릭터 디자인 적용 Character Design Application

1. 자료조사

2. 캐릭터 메이크업 디자인 계획1

캐릭터 메이크업 디자인 계획	
자료수집 모티브 이미지 첨부	모티브 명 :
	모티브 적용 부위 :
	모티브 특징 :
자료수집 모티브 이미지 첨부	모티브 명 :
	모티브 적용 부위 :
	모티브 특징 :
자료수집 모티브 이미지 첨부	모티브 명 :
	모티브 적용 부위 :
	모티브 특징 :

3. 캐릭터 메이크업 디자인 계획2

Rough Sketch 러프 스케치

캐릭터 분석

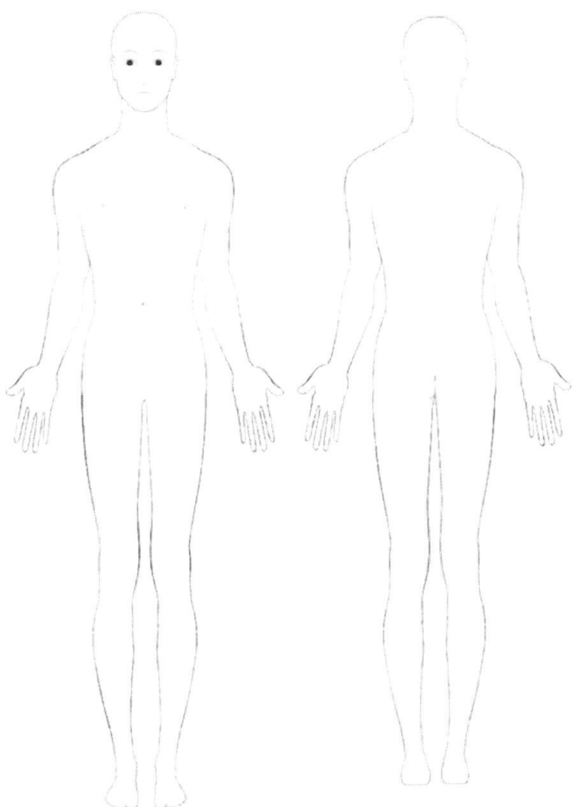

Work name 작품명

Genre 장르

Character name 배역명

Part 역할

Age/Sex 나이/성별

Personality 성격

Health 건강

Environment 환경

Genetics 유전학

Times/Nationality 시대/국적

Characteristic 특징

4. 캐릭터 메이크업 디자인

1) 정면

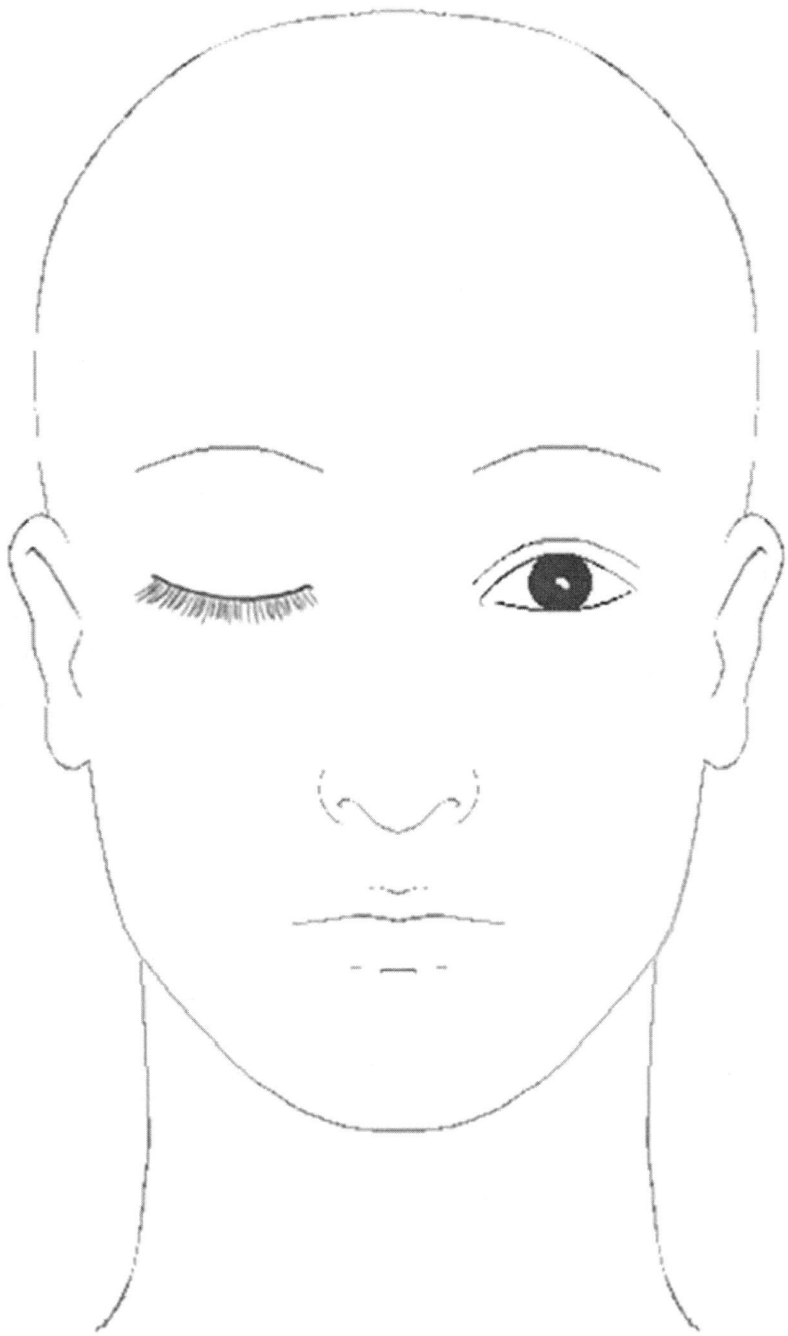

2) 측면

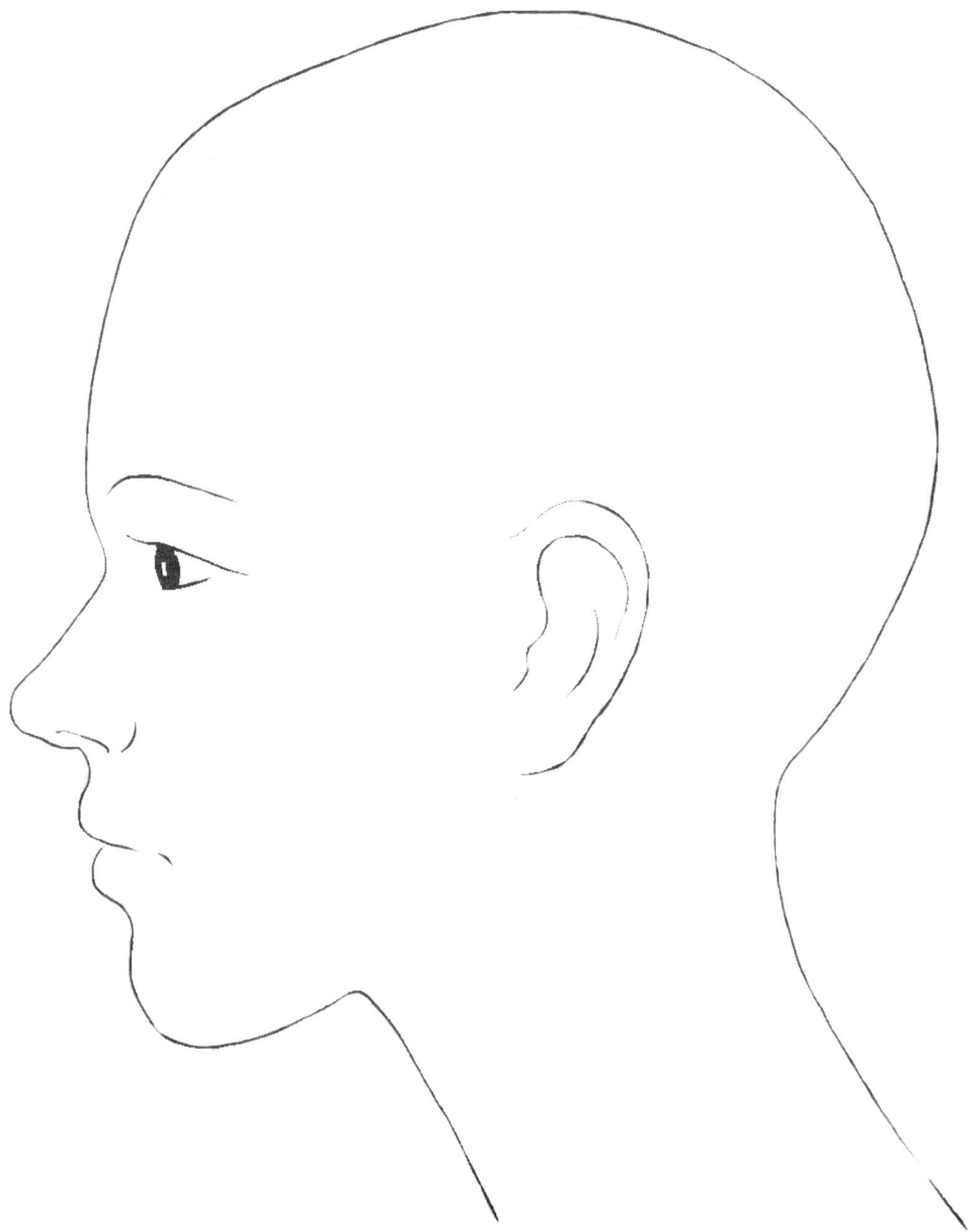

5. 캐릭터 등장인물 분석

메이크업 재료 사용표

Work name 작품명		Actor 배우	

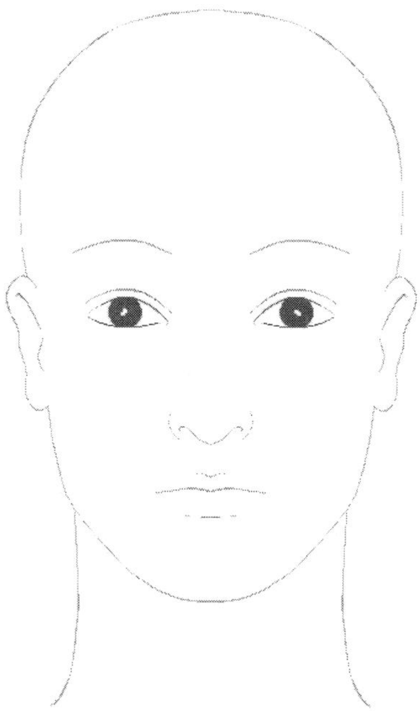

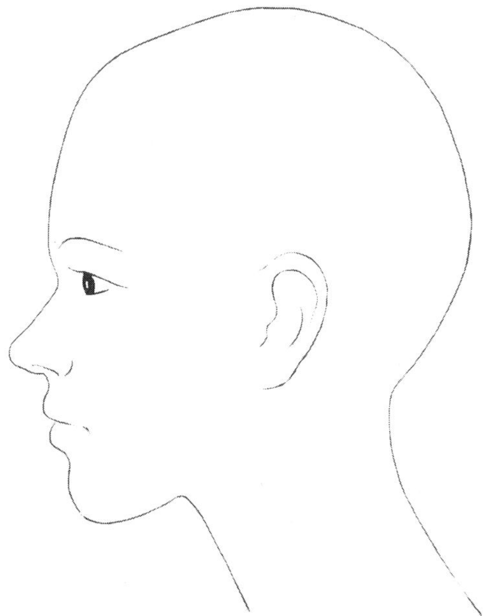

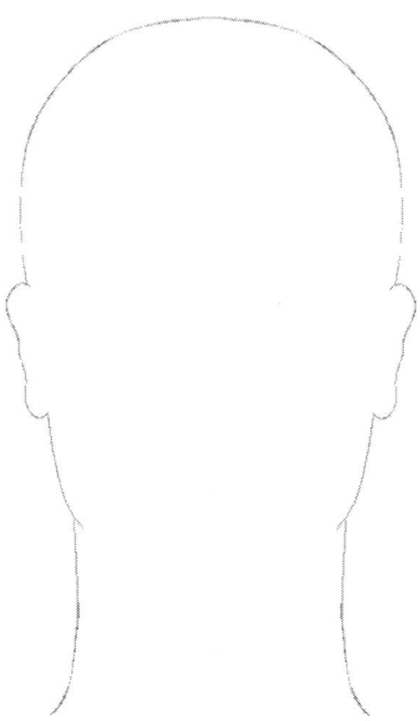

Forehead	Eye	Nose
Cheek	Mouth	Eye liners
Base	Shadow	Powder
hair	Note	

6. 캐릭터 메이크업 디자인 과정

1) 캐릭터 명

캐릭터 메이크업 디자인 과정 이미지 삽입1	⇨	캐릭터 메이크업 디자인 과정 이미지 삽입2	⇨	캐릭터 메이크업 디자인 과정 이미지 삽입3

2) 기타 제작 과정

부위명:

기타 제작 부위 과정 이미지 삽입1	⇨	기타 제작 부위 과정 이미지 삽입2	⇨	기타 제작 부위 과정 이미지 삽입3

7. 캐릭터 메이크업 완성

완성 메이크업 정면
(눈 뜬 상태)
이미지 첨부

완성 메이크업 정면
(눈 감은 상태)
이미지 첨부

완성 메이크업 좌측면
이미지 첨부

완성 메이크업 우측면
이미지 첨부

Media Character Make-up

2022년 9월 15일 초판 인쇄
2022년 9월 20일 초판 발행

지은이 : 임희경, HUO TAO
펴낸이 : 이상태
펴낸곳 : 청구문화사
주 소 : (03706) 서울특별시 서대문구 성산로11길 15
전 화 : 02) 332-0541(代) FAX : 02) 337-9577
등 록 : 1990년 11월 2일 제9-247호

정가 15,000원

ISBN 978-89-5616-898-2 93590